KB263230

우리 전통으로 본
민가건축의 모든 것

Korean architecture lends consideration to the positioning of the house in relation to its surroundings, with thought given to the land and seasons. The interior structure of the house is also planned accordingly. This principle is called Baesanimsu, literally meaning that the ideal house is built with a mountain in the back and a river in the front. Baesanimsu utilizes the ondol heated rock system, a heating system unique to South Korea, during cold winters and a wide daecheong front porch for keeping the house cool during hot summers.

하 랑
도서출판

우리 전통으로 본 민가건축의 모든 것

발행일 : 2025년 08월 18일
출판사 : 하랑출판
주　소 : 서울시 중구 퇴계로28길 8
전　화 : 02-2263-3337

목 차

• 승주
　낙안성 마을

민 가

연안김씨 가옥(1868)

전남 영광군 군남면 동간리
전남 민속자료 제4호
Yeonan Kim's Family House

Cheonnam Folklore Material No.4

　원래 연안 김씨는 16세기 중엽 김영이 영광 군수로 부임하는 숙부를 따라 영광에 정착하였다고 한다. 주택의 전체규모는 상당히 광활한데 대문간채, 안채, 사랑채, 곳간채, 사당, 서당 등으로 구성되어 있으며 조선 후기 전남지방의 대표적인 양반주택으로 평가되고 있다. 대문간채를 들어오면 사랑채가 왼편으로 위치하고 있으며 사랑채를 옆으로 하고 안문간채를 지나면 오른쪽으로 곳간채와 안채가 위치하고 있다. 안채는 1868년에 건립되었다고 하며 상당히 대규모의 영역을 이루고 있다. 안채 왼편 위쪽으로 사당이 위치한다. 서당은 사랑채 왼편 위쪽에 위치하며 앞쪽으로 행랑채와 마굿간이 위치하고 있다. 바깥 대문간채에 있는 3효문은 연안 김씨 7대조인 함, 8대조인 재명, 13대조인 진이 효성이 지극하여 나라에서 세웠으며, 특이한 것은 대문 어귀에 고주를 세우고 그 상부에 공포를 결구하여 높게 솟을지붕을 꾸민 것이라 할 수 있다.

안채 전경
The view of Women's Area

사랑채 측면 전경
The side view of Men's Area

합각에 팔작지붕을 이룬 사랑채의 측면으로서 중후
하고 기품있는 모습을 엿볼 수 있다.

사랑채 돌계단, 기단 및 전면부 전경 ◀
Details of stairs and columns

사랑채 툇마루 상세 ▶
Details of corridor and flooring

대문간채의 삼효문 현판
Details of Samhyomun gate

대문간채에서 안대문간채를 바라봄
Inner Entrance gate from the view of Entrance gate

안대문간채에서 곳간채와 안채 마당을 바라봄
The view of Women's Area

◀ 대문간채의 삼효문
Samhyomun gate

3효문은 연안 김씨 7대조인 함, 8대조인 재명, 13대조인 진이 효성이 지극하여 나라에서 세웠으며, 특이한 것은 대문 어귀에 고주를 세우고 그 상부에 공포를 결구하여 높게 솟을지붕을 꾸몄다.

신호준 가옥(1871)

전남 영광군 영광읍 입석리
전남 민속자료 제26호

Sinhochun House, 1871 A.D

Cheonnam Folklore Material No.26

이 주택의 전체 배치를 보면 행랑채, 사랑채, 안채, 아래채, 사당으로 구성되어 있으며 대문을 지나면 행랑채로 진입되고 이곳을 지나면 사랑채 일곽이 나타나며, 아래채를 지나 안채로 진입한다. 안채 오른편으로 사당이 위치하며 아래채 오른편으로 방앗간과 축간이 위치한다. 전체대지는 상당히 넓어 거의 2500여평에 이르며 효성이 지극하다 하여 1907년 국가에서 효행을 기리는 정문을 세워 효자문이라 이름했다.

안채 부분 전경
The view of Women's Area

안채는 ㄱ자형으로 구성되어 있으며 ㄱ자 곱은 부분
에 대청마루가 위치하고 있다.

공포가구 상세
Details of column top ornanmentation

솟을대문 상세
Details of Enterance gate

▶솟을 대문을 안쪽에서 바라봄
　Enterance gate from the view of inside

◀솟을대문 진입부 전경
　The view of Enterance gate

사당 전경
The view of family shrine

아래채와 중정 마당
The view of lower house and its courtyard

이용욱 가옥
전남 보성군 보성읍 옥암리
Yiyonguk House

주택을 둘러쌓고 있는 자연석 돌담이 이채로우며 특히 대문 간채의 솟을 대문이 높아 주택의 격이 높음을 보여주고 있다.

대문간 전경
The view of gate

보성 이용욱 가옥
Yiyonguk House in Poseong

안채 전경
The view of Women's Area house

사랑채 전경
The view of Men's Area

사랑채 전경과 안채의 우물
The view of Men's Area and Well of Women's Area

대문에서 사랑채를 바라봄
The view from Entrance gate

안채를 위에서 내려다 봄
The view of Women's Area

　안채로서　ㄷ자형　평면을　하고　있으며　마당　가운데
놓여있는　장독대가　인상적이다.

안채 마루 상세
Details of flooring

이범재 가옥(19세기말)

전남 보성군 보성읍 옥암리
중요민속자료 제158호
Yipeomchae House, 19C
Important Folklore Material No. 158

　전체적인 건물형태는 안채의 ㄱ자형을 제외하면 특이한 점이 거의 없으나 사랑채가 독립적으로 구성되어 있지 않다는 점과 안채의 구조가 특이하다는 점이 강조되어야 할 부분이다. 안채의 건축연도는 19세기 말, 기타 건물은 20세기 초에 건립되었을 것으로 본다. 안채의 구성은 특히 중요한데, 평면에 있어 전후퇴집과 양통집을 혼용한 겹집 형태이며, 사랑채가 안채의 건넌방 위치에 붙어있어 독립적이지 못하다. 안채의 오른쪽으로 헛간채와 그 위로 사당을 두었다. 구조적 특징으로는 골구에 있어 집 가운데 대들보를 직접 받는 생기기둥을 세웠다는 점이 특이하다.

안채마당과 전경
The view of court and Women's Area

권희문 가옥
전북 장수군 산서면
Kweonhimun House

19세기 무렵에 지어진 이 주택은 현재는 상당부분
개량되었지만 중요한 부분에 있어 과거의 모습을 엿볼
수있어 특이하다. 안채는 ㄱ자형을 이루며 특히 측면
벽에서 볼 수 있는 구조적 디테일은 과거의 분위기를
읽을 수 있다.

안채 측벽의 구조기법 상세
Side wall details of Women's Area

안채 기둥과 마루 상세
Details of column and flooring

안채 마루에서 바라본 후원전경
The view of rear garden from flooring

사랑채
Men's Area

루형식을 하고 있는 사랑채로서 그 형식상 매우 특
이하며 특히 퇴마루의 난간 디테일이 뛰어나다.

윤영채 가옥(1511)

전북 남원군 주생면 상동리

전북 민속자료 제117호

Yunyeongchae House, 1511 A.D

Cheonbuk Folklore Material No.117

　비교적 건립연대가 오래된 이 가옥은 지붕 수리시 발견된 명문에 1511년이라는 기록이 있어 정확한 연대측정이 가능하다. 초기에는 동대라는 공공건물로 사용되었다고 하며 조선조에는 동헌으로 사용되었다. 김정호의 대동여지도를 보면 이곳의 위치가 정확히 표시되어 있는 점을 보아 이곳이 공공건축인 동헌의 자리였음을 확인케한다. 건물형태는 ㄷ자형으로, 가운데 중정을 두고있으며 주택으로 개조되면서 마루와 방을 적절히 축소 변경한 것으로 보인다. ㄷ자형의 본채는 남향이며 본채의 동,서쪽에 사랑채를 붙였다. 본채의 규모는 4칸으로 3칸의 방과 1칸의 대청으로 이루어져 있다. 지붕은 팔작지붕이다.

본채의 중정부분
The view of Women's Area and courtyard

　중정마당에 화목을 식재하였으며 ㄷ자형 건물로 인
해 외부공간의 폐쇄성이 두드러진다.

본채부분의 마루구조
Details of flooring

이웅래 가옥
전북 임실
Yiungrae House

사랑채 대청에서 대문을 바라본 전경

사랑채와 대문일곽 전경
The view of Entrance gate and Men's Area

안채 일곽 전경
The view of Women's Area

행랑채 마당 전경
The view of Worker's Area

사랑채 전경
The view of Men's Area

사랑채는 거의 좌우대칭을 이루며 행랑채를 마주보
면서 남동쪽으로 사랑마당을 두고 있다. 사랑채 뒷편
으로는 사랑채 전용의 후원을 두었다.

◀ **김동수 가옥(1784)**
전북 정읍군 산외면 오공리
중요민속자료 제26호
Kimtongsu House, 1784 A.D
Important Folklore Material No.26

18세기 중엽, 조선 사대부가옥의 전형적인 모습을
볼 수 있는 이 주택은 행랑채와 사랑채, 안채가 각각
독립적으로 구성되어 독특한 외부공간구성을 이루고
있는 점이 건축적으로 뛰어나다. 건축연대는 1784년
이며 풍수지리적으로 보았을 때 창하산을 배경으로 하
고 앞으로 동진강의 상류천을 두고 있어 전형적인 배
산임수형국을 이루고 있다. 행랑채의 대문은 솟을대문
이며 특히 대문간채를 두어 그 형식을 높이고 있다.
대문간채의 작은 중정마당과 이 부분의 일각대문을 지
나면 사랑채에 이르게 된다. 사랑채를 지나 안채로 진
입하면 안채를 마주하고 있는 문간채를 만나며 이곳을
지나야 비로서 안채로 들어서게 된다. 안채의 옆으로
아담한 별채가 있어 안채와 대조를 이룬다. 별채는 입
향조인 김명관이 본채를 지을 때 그와 목수들이 임시
로 기거하였던 건물이라고 한다. 안채 동북쪽으로 작
은 사당을 두었다. 전체적으로 보았을 때 주택자체가
중후하고 섬세하며 원형이 비교적 그대로 유지되고 있
어 건축적 자료로서 뿐아니라 조선조의 사대부 주거
를 연구하기 위한 중요한 주택으로 평가되고 있다.

사랑채 구조 디테일
Details of column top ornamentations

사랑채 공간 전경
The view of Men's Area

대문간채에서 안대문간채를 바라봄
The courtyard gate from the view of Entrance gate

안채의 마루구조 상세
Floor details of Women's Area

안채 부엌간 상세
kitchen of Women's Area

행랑채에서 본 사랑마당과 사랑채 전경
Men' Area and its court from the view of Worker's Area

문간채에서 본 안채 전경
Women's Area from the view of Entrance gate

문간채와 안채사이 마당
The view of court between entrance building and
Women's Area

안채의 부엌
Kitchen of Women's Area

이삼장군 고택(1727)
충남 논산군 상월면 주곡리
충남 민속자료 제7호
Admiral Yisam's Old House, A.D.1727
Chungnam Folklore Material No.7

이 주택은 영조 3년인 1727년에 건립된 것으로 一
자형의 사랑채와 ㄷ자형의 안채로 구성된 전형적인 고
택이다. 전체적인 평면 형식은 안채와 사랑채의 형태로
인해 ㅁ자형을 하고 있으며 안방을 중심으로한 일곽이
조밀하게 구성되어 있고 건넌방 쪽의 대청이 커다랗게
구성되어 있어 특색을 이룬다.

주택의 전경
The view of house

김선조 가옥 (17세기 말)
충북 영동군 양강면 괴목리
중요민속자료 제142호
Kimseoncho House, 17C
Important Folklore Material No. 142

　이 주택은 현존하는 건물로 안채와 별당채만이 있
고 사랑채는 기단부만을 남기고 있다. 17세기 말엽에
건립되었다고 하며 안사랑채를 제외한 현존하는 기타
건물, 즉 문간채와 곳간채는 모두 20세기에 와서 건립
된 것이다. 안채는 ㄷ자 형식을 하고 있으며 부엌, 안
방, 웃방, 대청이 일렬로 배열되어 있는 남부식 구성
방법으로서 특징은 대청 건너 모퉁이에 구들을 놓지
않고 마루를 깔아 찬방으로 쓰고있다는 점이다. 건넌
방쪽의 지붕은 합각으로 되어 있는 반면 부엌 쪽 지
붕은 박공으로 되어있어 이채롭고 전체적으로 단아하
면서 고풍스런 모습을 풍기고 있는 것이 특징이라 하
겠다. 안사랑채는 부엌, 안방, 웃방, 대청을 일렬로 배
치하는 전형적인 별당 형식의 건물로서 사대부 주택건
축의 전형적인 특징인 우아하고 격식있는 모습이 전체
적으로 돋보이는 건물이라 할 수 있다.

안채의 전경
The view of Women's Area

안채 측면과 구조적 상세
The side view of Women's Area and details

정용채 가옥

경기도 화성군 서신면 궁평리
중요민속자료 제124호
Cheongyongchae House
Important Folklore Material No.124

　전체적인 건물구성은 안채와 사랑채로 구성되어 있으며 안채와 사랑채가 각각 연이어 붙어있어 안채마당을 가로지름으로 인해 日자 모양의 평면을 이루고 있다. 대문을 들어서면 바로 사랑채마당을 바라보며 마당 왼편으로 나있는 문을 통해 진입하면 안채마당으로 들어가게 된다. 안채와 사랑채를 옆으로 왼편에 헛간과 창고가 연이어 있는데 이 건물로 인해 각각의 공간이 ㅁ자형을 이루고 있다. 안채 중앙에 3칸의 대청이 있으며 안방 쪽에 툇마루를 설치하고 후원을 두었다. 사랑채의 규모는 4칸으로 一자형을 이루며 전후퇴집으로서 오른 쪽 2칸이 사랑대청이며 왼쪽 2칸은 구들로 이루어져있다. 전퇴는 모두 마루로 하였다. 사랑방 뒤로 나있는 문을 지나면 바로 안채로 연결되는데 은밀한 통로여서 흥미를 자아낸다. 대문은 솟을 대문이며 연대는 1887년의 것이다. 안채 남쪽으로 후원이 있으며 여기에는 우물이 있고 갖가지 수목으로 처리되어있다. 구조는 안대청 중앙이 5량이며 양측면은 1고주 5량이다. 대들보는 옆구리를 배부르게 하였고 배쪽의 장여면만이 항아리 모양을 하고 있다. 도리형태는 납도리이며 장여와 헛장방이 없는 오래된 방식을 사용하고 있다. 대공은 판대공으로 높고 대공이 받치는 상도리는 우진각 모양을 하고 있다. 사랑채도 1고주 5량이며 안채 구조와 유사하다.

사랑채 공간
Details of Men's Area

안채 일곽
The partial view of Women's Area

담장 상세
Details of wall

안채 대청 전경
The view of flooring and court yard in Women's Area

논산 윤증 고택
충남 논산군 노성면 교촌리
중요민속자료 190호
Yuncheung Old House in Nonsan
Important Folklore Material No. 190

사랑채 입구 현판
Tablet

사랑채
The view of Men' s Area house

높은 기단으로 인하여 위풍당당한 모습

사랑채 대청마루
Inside of Men's Area house

건물의 모든 부재의 마감이 치밀하고 구조가 간결하
며 보존상태도 양호하다.

안채의 덤벙주초와 대비되는 사랑채의 다듬어진
주초

사랑채
Men's Area house

   5칸 사랑채는 좌측에 사랑대청, 우측에 누마루를 두
고 이들을 앞 툇마루로 연결하였다.

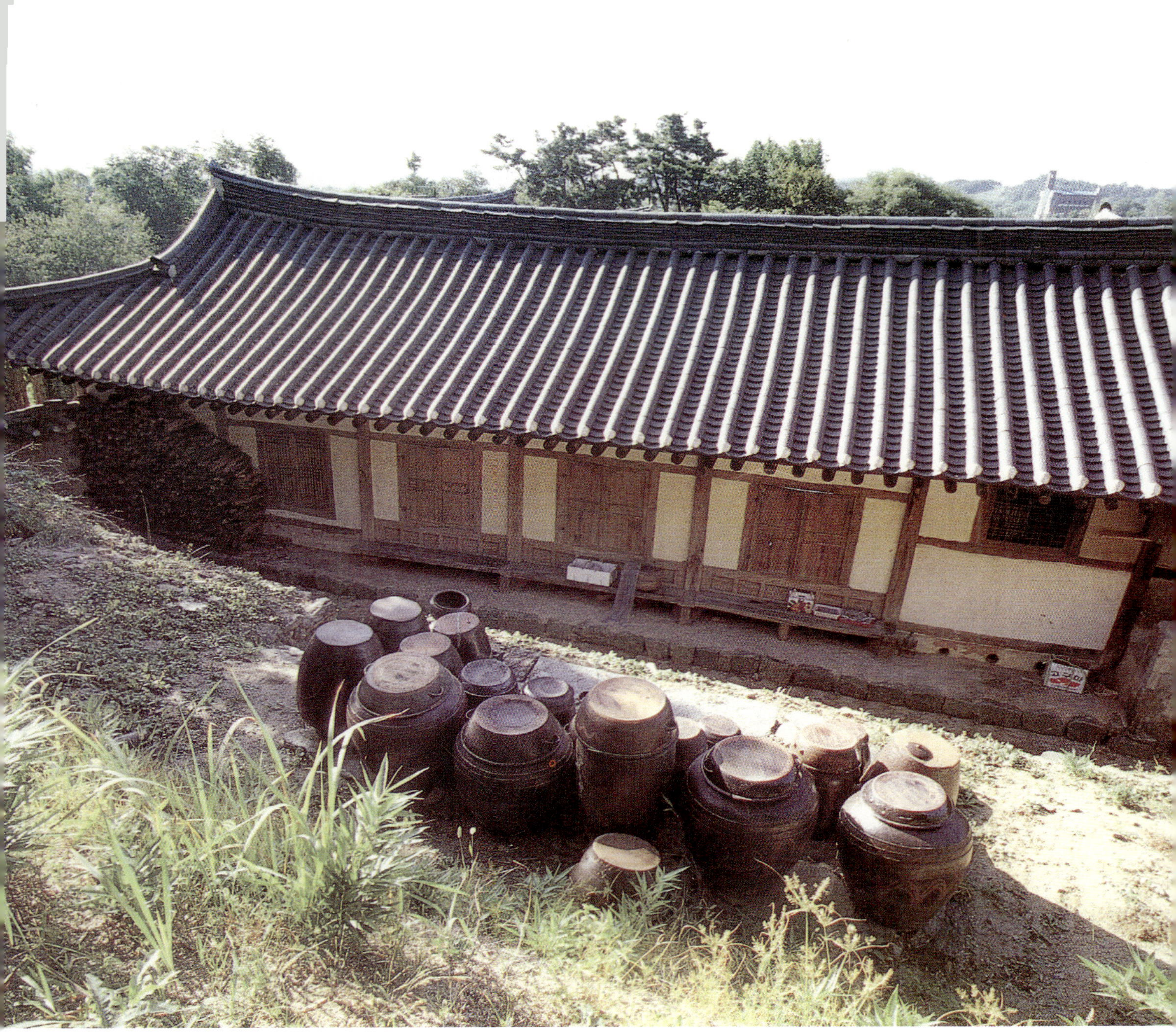

안채 뒷면의 장독
The view of rear yard in Women' s Area

올망졸망한 모습의 장독

별이 잘 들도록 높은 위치에 있다.

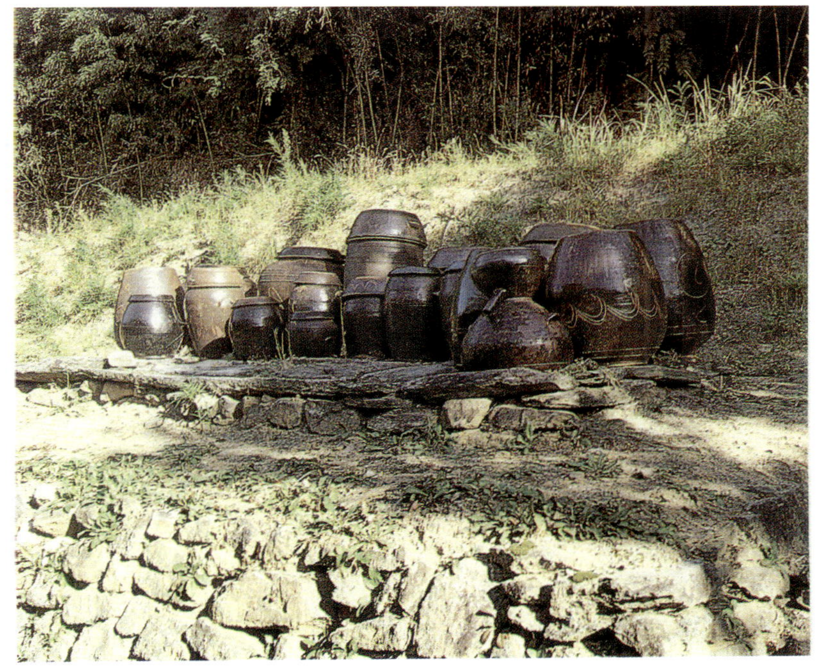

안채로 통하는 중문간
The middle gate to Women᾽s Area house

안채는 튼 ㅁ자형이다.

안채전경
The view of Women's Area house and courtyard

  안채 전면은 8칸의 넓은 대청이 있고 좌우익에도 툇
마루를 돌려 기능적이고 비교적 넓은 마당에 친근감을
주는 모습이다.

안채 뒷마루와 기단
Details of Women's Area house

회반죽 마감한 막돌 허튼층 2단 쌓기를 한 기단위
에 화강암 덤병주초를 놓고 방주를 세웠다.

안채 좌익의 후정
The view of rear garden of Women's Area house

안채 좌익의 지붕과 안채지붕과의 결합
Details of roof

조응식 가옥(19세기 중반)
충남 홍성군 장곡면 산성리
중요민속자료 제198호
Choeungsik House, 19C
Impotant Folklore Material No.198

　19세기 중반의 건물로 전체적으로 단아하고 품격있는 분위기가 특징이다. 정면의 솟을대문이 인상적이며 안채로 유도되는 길목의 일각대문이 특색있다. 사랑채의 규모는 5칸으로 전후좌우 툇집으로 구성되어 있으며 안채의 규모는 8칸의 ㄱ자형으로 굽은 형태를 취하고 있다. 마당에 특별한 정원형식을 취하지 않은 전형적인 중부형 주택으로 보인다.

사랑채부근 전경
The view of Men's Area

운조루(1776)
전남 구례군 토지면 오미리
중요민속자료 제8호
Unchoru House, A.D.1776
Important Folklore Material No.8

　영조 52년(1776)에 건축된 이 주택은 풍수지리적
으로 보아 명당인 "금환락지"의 형국을 이루고 있다.
주택의 전체 구성은 행랑채와 사랑채, 안채로 이루어
져 있는데, 행랑채는 사랑채, 안채와 떨어져 주택 전면
에 위치하고 있으며 一자형으로 고방과 행랑방으로
이루어져 있다. 사랑채는 안채의 왼편에 커다란 대청
을 끼고 안채와 연이어져 있으며 亞자형을 이룬다. 곡
간채로 진입되는 안채는 ㅁ자형으로 구성되며 중문간
행랑채에서 서로 연이어져 있고, 사당이 동북 쪽에 위
치해 있다. 운조루에서 특이한 구조적 특성으로는 전
형적인 민도리집 구조로서, 공포를 사용하지 않았으며
지붕은 사랑채, 안채가 연이어져 있으나 합각을 이루
며 팔작지붕을 사용하고 있다는 점이다.

사랑채 전경
The view of Men's Area

78

사랑채 누마루
The rail floor of Men's Area

　사랑채의 루마루는 이중 마루구조를 하고 있으며 분
합문으로 구획된 부분을 트면 전면 3칸, 측면 2칸의
규모를 하고 있다. 지붕은 팔작에 합각을 이루며 전면
에서 바라볼 경우 지붕선의 조로가 뚜렷이 나타나는
특성을 보이고 있다.

누마루 상세
Details of rail floor

보은 선병국 가옥
충북 보은군 외속리면 하계리
중요민속자료 134호
Seonpeongkuk House in Poeun
Important Folklore Material No. 134

안채 전경
The view of Women's Area house

I자형 평면에 완전한 겹집으로 당당한 모습이다.

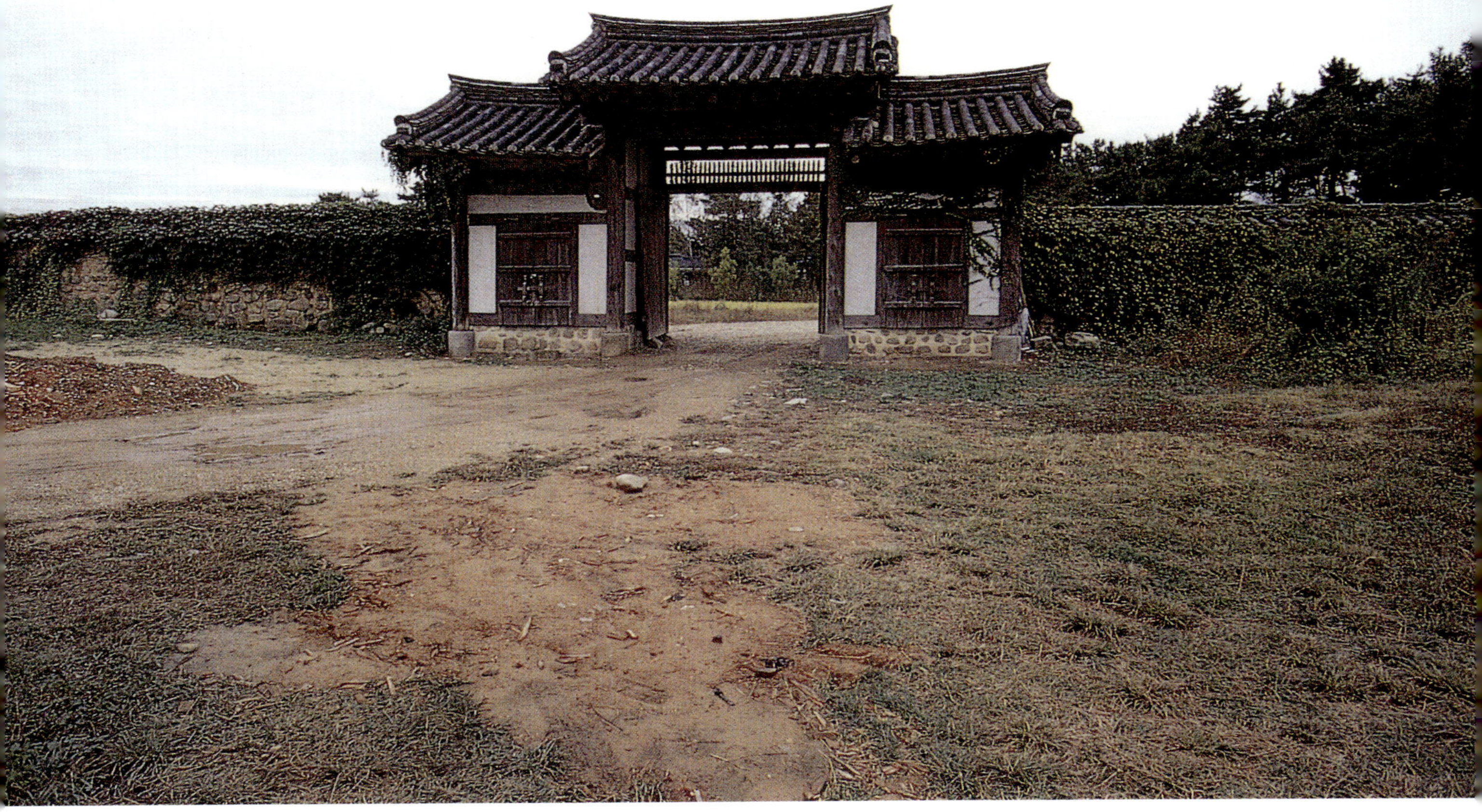

사랑 마당에서 본 대문간
The view of Entrance gate

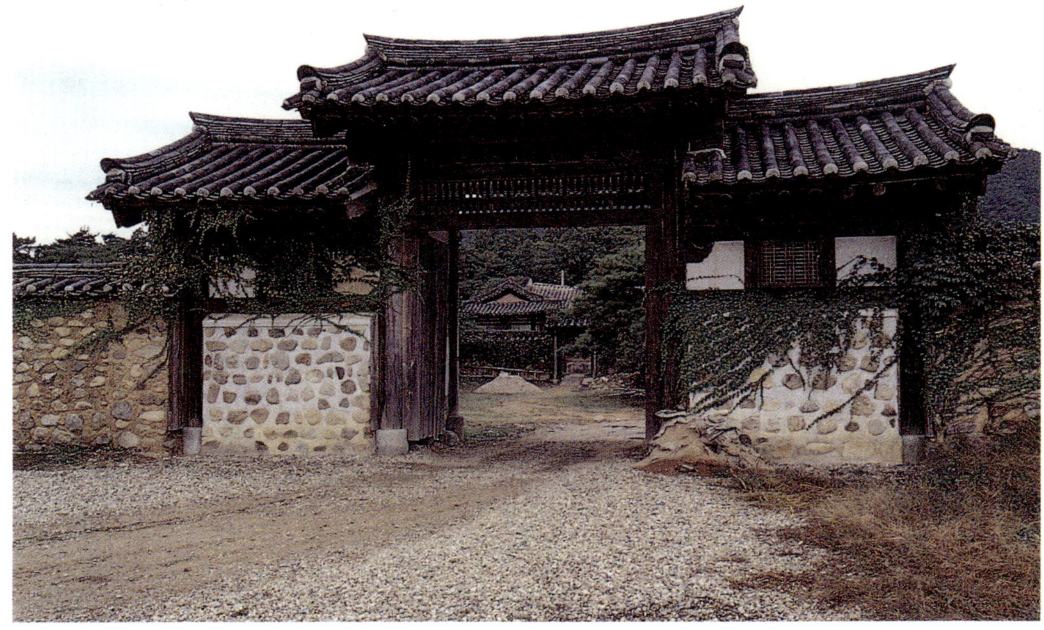

위풍당당한 솟을 대문

안채와 행랑채◀
The view of Women' s Area and Men' s Area

안쪽 마당에서 바라본 중문▶
The courtyard gate

중문을 통해 바라본 안채 우측면
The right side view

안채 측면
The side view of Women's Area house

안채 정면
The front view of Women's Area house

사랑채 문
Details of doors

행랑채 전경
The view of Worker's house

　행랑채의 규모로 보아 당시의 부의 규모를 엿볼 수
있다.

중문간
The courtyard gate

대문
The view of Entrance gate

승주 낙안성 마을

동문과 동문밖 평석교위의 석구
East gate and stonedogs on the stone bridge

　평석교앞에는 석구(石狗) 2기가 보존되어 있는데 이
는 원래 3기가 있던 것으로 풍수지리상 오봉산이 너무
험준한 까닭에 그 기세에 대응코자 석구를 만들었다고
한다.

동문
East gate

남문
South gate

동문
East gate

서문터
The old place of west gate

여담까지 막돌로 쌓은 성담
Castle wall

남문과 바로 연접한 최선준 가옥
The side view of south gate and a house

남문과 성벽
South gate and castle wall

성벽
Castle wall

고샅 전경
The view of a narrow alley

　고샅은 바깥길에서 대문으로 이르는 길로서 제주도
의 올래와 같이 개인소유의 의미가 약화된 몇집 공동
소유의 전이공간이라고 할 수 있다. 남해안 지역에 이
러한 고전적인 공간형태를 많이 볼 수 있는데 이 마을
에서 특히 두드러지는 점이다.

고샅 전경
The view of a narrow alley

막돌로 쌓은 나즈막한 돌담과 고샅은 초가이은 민가
와 함께 민속적 분위기를 잘 나타낸다.

마을 안길의 돌로 쌓은 초가집 외벽과 돌담
Outer stone-wall of tatched house and stone fence

주작대로의 돌담과 초가집과 사립문
The view of main street in village

남내리 큰샘과 빨래터
Well in south of village

남내리 우물
Well in village

마을내 노거수
The old tree in village

마을내 노거수
The old tree in village

노거수
The old tree in village

성밖 노거수 숲
The forest of old tree out of castle

성밖 노거수 숲
The forest of old tree out of castle

동문앞 석구
The stonedog in front of east gate

임경업장군비각
Tombstone of general Iym kyeong uhp

동헌
내아

◀ 낙안 동헌
Local government office in Nag-an cactle

낙민루와 동헌
Rear view of Nakminnu pavilion and local government office

117

낙안객사 정면
The front view of lodging house for government officials

낙안 객사 전경
Lodging house for government officials

성내의 동남쪽 마을 전경
The east-south view of viliage

승주 낙안성(昇州 樂安城)마을

전남 승주군 낙안면 낙안리
사적 제302호. 조선시대

Nag-anseong Maeul, village, Seungchu

Important Folklore Material No.302.Chosun Period

　낙안성 마을는 북쪽의 금천산을 진산으로 삼고 동쪽으로 좌청룡인 오봉산, 서쪽으로 우백호인 백이산으로 둘러싸여 있다. 성남쪽에는 넓은 들판이 펼쳐지고 들판 한가운데 안산인 옥산이 있다. 하천은 금천산 동남에서 흘러 들어오는 동내와 서남에서 흘러 나오는 서내가 있는데 모두 성곽의 바깥동면을 따라 흘러 옥산앞을 지나고 들판을 지나 바다로 이어진다. 지세의 형국은 옥녀산발형(玉女散髮形)으로 넓은 들을 산들이 여러겹 둘러싸고 있어 상당한 폐쇄감을 준다. 성곽의 서쪽밖으로 대다수의 노거수가 분포하고 있다. 성 내외에는 작은 규모의 초가집들이 다수 있으며 관아건물이외에는 3～4칸 정도이며 5칸을 벗어나는 경우가 드물다. 특히 기와집은 판아를 제외하고는 단 한채도 없고 구조체 역시 빈약하나 서까래 하나를 규제함으로써 공간의 엄격한 위계질서가 마을의 공간계획에 반영되어 서까래 굵기가 가는 것이 다른 지역에 민가에 비해 크게 대비된다. 조선후기에 이르어서는 상권이 수운이 편리한 곳을 따라 번창했으므로 산속에 싸여있는 낙안읍성은 점차로 전래적 농업에만 의존하는 가난한 고을로 전락해 왔다.

낙안성 남문과 성안 전경
South gate and overall view of castle village

남문과 민가 전경
View of south gate and houses

성내마을에서 본 남문
South gate from the view of inner village

◀ 김대자 가옥(金大子 家屋)
전라남도 승주군 낙안면 서내리 78-1
중요민속자료 제 95호. 조선시대(19세기 초)
Kim Dae Ja House

Important Folklore Material No. 95
Chosun period(the early part of 19th century)

　낙안성내 낙민루에서 서문으로 나가는 대로변에 있
는 남향집이다. 반듯하고 넓은 대지에 안채와 부속사,
그리고 채마밭이 있다. 집터 주위에는 돌각담이 있고
돌각담과 부엌이 맞닿는 부근쯤에 장독대가 있어 이
집만의 독특함을 이룬다. 안채의 왼쪽끝이 부엌, 그 옆
으로 안방, 마루, 작은방, 헛간이 이어져있다. 부엌에
는 전면벽 위부분에 봉창이 열려있고 부엌과 안방사이
에는 토벽으로 친 간벽이 있는데 벽의 중간쯤에 조왕
신을 모신 자리와 광솔불을 켜던 선반자리가 있다. 그
아래에 부뚜막이 있고 전면벽 가까이로 물독이 매설되
어있다. 천장은 삿갓천장으로 구조물이 드러나 있는
데, 측벽도리부터 중간쯤으로 가로지르는 뜬도리 사이
에 평천장의 일종인 부채살모양 구조가 보여 특수한
구조를 보인다. 안방에는 전퇴쪽 벽으로 눈높의 창문
이 있다. 채광과 함께 통풍효과 및 조망도 가능하다.

안채
The main building

작은 방 전면의 잿간
Storehouse for ash in front of secondary room

광창이 있는 부엌전면
The front of kitchen with kwangchang(window)

대문밖에서 본 전경
The view of outside

가옥전경
The panoramic view

부엌측 돌담
Stone fence of kitchen side

입구에서 본 안채 정면
The front view of main building

젯간내부
Inside of storehouse for ash

강현세 가옥
전남 승주군 낙안면 남내리 131
조선시대(19세기 중엽)
Kang Hyeon Se house

Chosun period(the middle part of 19th century)

남내리 이장집으로 건축시기는 19세기 중엽으로 추정된다. 낙안 읍성의 서남쪽 모서리 부근에 위치한다. 낙안마을의 집들이 비교적 작은 대지에 터를 잡은 것에 비해, 이 집은 넓은 대지와 안채, 사랑채, 축사, 헛간채로 구성된 튼ㅁ자형 배치를 하고 있다. 안채는 대지의 북쪽에 넓은 앞마당과 작은 뒤안을 포함한다. 사랑채는 앞마당을 사이에 두고 안채의 건너편에 위치하고 뒷간채는 사랑채 오른편 구석에 있다. 출입구는 축사의 남쪽면과 사랑채 사이에 있으며 대문은 없다. 안

채는 작은 초가로 부엌, 큰방, 작은방, 헛간으로 구성되고 작은방과 헛간이 앞으로 물려져 나와 ㄱ자형 평면을 이룬다. 큰방에는 전퇴가 있으며 작은방으로 통하는 문이 있고 툇마루와 부엌 사이에는 판벽을 두었다. 안채지붕은 초가 우진각지붕이다. 사랑채는 2개의 방과 곳간으로 된 3칸 구조로 기와를 올린 우진각지붕을 하고 있다.

현재의 안채는 최근의 개축을 통해 동내리의 장종철 가옥과 똑같은 ―자형 전외집으로 변해버렸다.

안채 측면과 돌담길
The side view of main building and stone-fence

안채 정면
The front view of main building

안채 전경
The view of Main building

안채의 후면
The rear view of main building

뒷마당
Back garden

안채 전경
The view of main building

집 뒤안의 장독대
Terrace of soybean sauce crocks in backyard

◀ 박의준 가옥(朴義俊 家屋)

전라남도 승주군 낙안면 동내리 367
중요민속자료 제92호. 조선시대(19세기 중엽)

Park Eui Jun House

Important Folklore Material No.92.Chosun
period(The middle part of 19th century)

　—자형의 안채와 아랫채가 독립채　건물로서 수직으
로 배치한 집이다. 안채는 왼쪽부터 부엌, 안방, 안마
루, 건너방으로 각 1칸으로 방 문 앞에 둔 툇마루로 구
성되었다. 부엌엔 널문을 달았고, 방과 마루에는 분합
을 달았고 건너방에는 외짝을 달았다. 이 집은 이 마
을에서는 보기 드물에 높은 댓돌에 산돌로 주초하였
다. 방과 마루의 기둥간격은 여덟자 다섯치라는 조선
시대의 기준에 적합한데 반해 부엌의 경우는 열한자나
되도록 넓게 잡은 점이 특이하다.

곽형두 가옥(郭炯斗 家屋)

전라남도 승주군 낙안면 남내리 98
중요민속자료 제 100호. 조선시대(19세기 말)

Kwak Hyong Du House

Important Folklore Material No. 100

Chosun period(the late part of 19th century)

성내 초가지붕중에서 면모가 가장 단아하고 사용된 부재도 듬직하며 구조된 형체도 건실한 집이다. 평면은 —자형이며 정면은 5칸반이고 측면은 전후퇴를 포함하여 3칸규모이다. 왼쪽의 부엌은 칸반 크기로 전후퇴까지를 합하여 한 공간이 되었으므로 상당히 넓다. 부엌에 이어 안방 1칸, 고방,건넌방 1칸이며 이어 반칸 퇴로 이 퇴는 전후퇴칸에선 봉당이 되는 미묘한 구조이다. 방과 고방의 앞퇴는 마루를 깔았는데 뒤편의 퇴칸은 봉당인 채로 두어 수장공간으로 활용할 수 있게되어 있다. 고방은 토벽이나 고방은 판벽에 문얼굴 들이고 판장문을 설치하였다. 고방은 도장이라고 부르며 수장공간으로서 주로 이용되며 이것이 남부해안지방 민가의 특징이다. 고살이 훌륭하며 정원이 넓고 집이 아름답다.

측면 전경
The side view

사립문
A brushwood gate

굴뚝
Chimney

툇마루와 처마
The veranda and the eaves

김석영 가옥
전라남도 승주군 낙안면 서내리 79
중요민속자료 제 96호. 조선시대(19세기 초엽)
Kim Suk Young House
Important Folklore Material No. 96
Chosun period(the early part of 19th century)

이 집은 초가삼간으로 아주 소규모로 축약된 집이다. 칸반 크기의 부엌, 큰방, 작은방으로 이어지고 큰방과 작은방앞에 툇마루가 있는 3칸전퇴집으로 이 마을에 가장 많은 평면형이다. 특히 이 집은 서까래를 대나무만으로 한 낮고 작은, 성안의 형편이 넉넉치 못한 사람들이 살던 집이다. 남향한 안채 앞쪽 길거리에 쌓은 돌각담에 의지하여 장독대, 헛간, 닭장 등이 계속되고 있다. 전형적인 토담집의 하나로 외벽은 작은 산돌들을 섞어 맞담과 왼담을 쌓아 풍우에 대비하였다. 큰방과 작은방사이의 샛문을 낸 점이 특이하다. 작은방 앞의 툇마루를 단절시켜 작은방의 아궁이를 전퇴에 시설하는 것은 안방과 웃방을 한 구들로 부엌아궁이에서 연결되는 중부지방 3칸집과 다른 이지방 3칸집의 특색이다.

헛간옆으로 난 원래의 사립문
Original brushwood gate by the storehouse

안채 정면
The front view of main building

안채의 측면
The side view of main building

성벽을 배경으로 앉은 주택 전경
Panoramic view with castle wall

가옥 후면
Rear view

박봉열 가옥
전라남도 승주군 낙안면 동내리 340
조선시대(19세기 말)
Park Bong Yeol House
Chosun period(the late part of 19th century)

   19세기 말에 지어진 것으로 추정되는 이 집은 읍성의 남동쪽 모서리 부근 성곽 바깥면에 인접하여, 다른 집들과 외따로 떨어져 남서향으로 위치하고 있다. 집 전체가 흙돌담으로 둘러싸여 있고 담 안에 안채와 앞마당만이 있고 안채와 떨어져 뒷간이 있다. 안채는 모방집으로 전체가 ㄱ자형인데 오른쪽에 큰방, 왼쪽에 부엌, 부엌 앞으로 모방을 두었다. 기단은 낮고 원형의 초석을 사용하고 구조는 반5량구조이며 초가 우진각지붕이다.

입구에서 본 안채
Main building from the view of a brushwood gate

도로에서 본 안채 정면
The front view of main building

이한호가옥 (李漢皓 家屋)
전남 승주군 낙안면 남내리 73
중요민속자료 제 94호. 조선시대(19세기 중엽)
Lee Han Ho House
Important Folklore Material No.94
Chosun period(the middle part of 19th century)

봉당집의 초기 원형을 보이는 집이다. 죽담을 상당히 높고 반듯하게 쌓아 집터 전체를 둘렀다. 남동쪽 끝의 부엌에 이어 전퇴가 있는 큰방과 작은방, 헛간이 1칸씩 이어지는 一자형 평면이다. 부엌벽의 2면을 맞담으로 쌓고 전면은 완전히 개방한 독특한 형태를 나타낸다. 방 앞의 툇마루의 기둥은 평주와 고주를 연계시켜 우미량처럼 휘어오른 나무를 골라다 사용하였는데

이러한 재목의 사용은 낙안성내 집들 대부분에서 보여지는 지역적 특색이라 할 수 있다. 천연 그대로의 재목을 필요한 곳에 적절하게 사용한 지혜의 결과라 하겠다. 평주의 도리는 납도리형으로 운두가 낮고 폭이 넓은 부재로 보머리에서 좌우의 도리가 이음되고 있다. 이러한 우미량과 도리의 이음을 학술적인 가치로 평가하기도 한다.

고샅과 가옥의 사립문 ◀
The narrow alley formed by stone and a brushwood gate

맞담으로 쌓은 부엌벽 ▶
The outer stone-wall of kitchen

장종철 가옥

전라남도 승주군 낙안면 동내리 334
조선시대(19세기 말엽)

Jang Jong Cheol House

Important Folklore Material No.100
Chosun period(the late part of 19th century)

    성안 동쪽 좁은 대지위에 안채와 헛간, 돼지막으로
이루어진 집이다. 대지 서쪽으로 앉은 안채는 좁은 뒷
마당과 넓은 안마당을 가지고 있다. 서쪽 담장 아래 장
독대가 있고 담장 모서리로 축사가 있다. 동쪽담장 모
퉁이로는 잿간(헛간)이 있다. 출입구는 남쪽 담장 가운
데 안채와 마주보는 위치에 있다. 안채는 우진각 지붕
의 초가로 一자형 전퇴집이다. 간살은 서쪽부터 부엌,
큰방, 작은방, 헛간으로 이루어진다. 부엌과 헛간은 전
면을 개방시켰고, 부엌 후면에는 외짝문을 두어 뒷마
당으로 이어지도록 하였다. 구조는 반5량구조로 퇴보
는 홍예보이다. 처마에는 서까래까지의 앙토바름이 탈
락되어 산자가 노출되어 있다. 잿간은 슬레이트 맞배
집으로 출입구는 개방되어있다. 돼지막은 전면을 죄외
한 3면을 돌벽으로 쌓고 초가지붕을 얹었다.

안채 정면 전경
The front view of main building

서측에서 본 전경
The west view

남측에서 본 전경
The south view

맞담으로 쌓은 부엌벽
outer stone-wall of kitchen

입구와 헛간
Enterance and storage part

사립문
A brushwood gate

최대용 가옥

전라남도 승주군 낙안면 동내리 283
중요민속자료 제 97호. 조선시대(19세기 중엽)

Choi Dae yong House

Important Folklore Material No.97

Chosun period(the middle part of 19th century)

　최대용 가옥은 향교로 가는 대로에 닿아있어 통행이
빈번하고 크고 작은 점포들이 즐비하였던 동문 으로
가는 대로변에 있는 점포중의 하나로 다른 집들에 비
하여 옛 형태를 지니고 있다. 낙안성내외에는 드문 ㄱ
자형의 평면이다. 큰길에 면한 1칸이 점포자리이고 이
어서 방 1칸이 있고 점포에서 몸채로 이어지는 곳에 아
주 작은 골방이 있고 ㄱ자로 꺾이는 곳에 헛간이 있고
다음이 안방이다. 안방옆 넓은 부엌의 부뚜막은 방쪽
벽에 있고 여기에서 땐 불이 방고래를 한바퀴 돌아 다
시 부뚜막쪽으로 나오면서 굴뚝으로 빠지게 되는, 부
뚜막에 굴뚝이 설치되는 남방형이다. 부엌 앞쪽에 있
는 장독대는 두텁게 쌓은 낮은 맞벽으로 감싸게 하였
는데 이는 남해안과 섬지역에서 나타나는 지역적인 특
성을 보이는 구조이다.

북측에서 본 외벽
Outer wall of north side

남동쪽에서 본 살림공간 전경
Living quarters of store-house on main street

남문옆에 있는 가옥전경
The house beside south gate

최선준 가옥(崔善準 家屋)

전라남도 승주군 낙안면 동내리 343
중요민속자료 제 98호. 조선시대(18세기 초엽)

Choi Seon Jun House

Important Folklore Material No.98
Chosun period(the early part of 18th century)

　읍성 남문에서 시작되는 주작대로를 따라 북쪽으로
가는 길 첫 번째에 위치하는 집으로 성안에서는 찾아
볼 수 없는 전자(田字)형 평면이다. 대로로 면해 있는
서측벽으로 1칸 크기의 점포를 내었다. 점포의 동쪽으
로 방(안방) 1칸, 안방 앞으로 뜰마루 모양의 퇴가 있
고 점포의 남쪽으로도 방(사랑방) 1칸 있으며 반칸폭
의 퇴가 고설되어 누마루와 같은 분위기이다. 부엌의
남쪽벽 바깥쪽은 상하의 수장공간으로 상부에는 시렁
을 매어 두었다.

가옥의 입구
Enterance view

가옥의 입구
Another view of enterance

정방형 평면인 가옥을 내려다 본 전경
The view of square-plan house